技工院校电工类专业通用（中级技能层级）
中等职业学校电工类专业通用

传感器检测与应用
习题册

主编　刘进峰

中国劳动社会保障出版社

简介

本习题册为技工院校电工类专业通用教材（中级技能层级）/ 中等职业学校电工类专业通用教材《传感器检测与应用》的配套用书。本习题册题型丰富，内容紧扣教学要求，知识点分布均衡，习题难易适中，有助于学生巩固课堂所学知识。

本习题册由刘进峰任主编，王菲任副主编，万存义、陈晨参与编写；肖俊任主审。

图书在版编目（CIP）数据

传感器检测与应用习题册 / 刘进峰主编 . -- 北京 : 中国劳动社会保障出版社，2024. --（技工院校电工类专业通用）（中等职业学校电工类专业通用）. -- ISBN 978-7-5167-6665-1

Ⅰ. TP212-44

中国国家版本馆 CIP 数据核字第 20248NB280 号

中国劳动社会保障出版社出版发行

（北京市惠新东街 1 号　邮政编码：100029）

*

北京市鑫霸印务有限公司印刷装订　　新华书店经销

787 毫米 ×1092 毫米　16 开本　4 印张　83 千字

2024 年 12 月第 1 版　　2024 年 12 月第 1 次印刷

定价：9.00 元

营销中心电话：400-606-6496

出版社网址：https://www.class.com.cn

https://jg.class.com.cn

目 录

第一章 传感器技术基础

第二章 温度传感器

第三章 力 传 感 器

第四章 位移传感器

第五章 环境检测传感器

第六章 传感器的应用实例

第一章　传感器技术基础

§1–1　认识传感器

一、填空题

1．传感器是一种能够将物理量、化学量或生物量等按照一定规律转换成与之有对应关系的、便于应用的某种__________的器件或装置。

2．传感器通常由___________、__________和__________三部分组成。

3．目前，传感器较为常见的分类方法有两种，一种是按________分类，另一种是按___________分类。

4．在自动控制系统中，_____________与_____________的有机结合，在实现控制的_____________、_________方面起到了关键作用。

5．传感器发展的总趋势是_____________、_____________、___________和___________。

6．转换电路将转换元件输出的_______转换成便于_______、_______、_______和________的________信号，使其能在指示仪上指示或在记录仪中记录等。

7．生产自动化程度在中国智造战略中不断提升，对传感器的要求也在不断提高，必须研制出_____________、_____________、_____________、_____________的新型传感器，以确保自动化生产的效率、质量和可靠性。

8．智能化传感器将数据的________、________、________等一体化。由于智能化传感器自身带有 CPU 处理器，因此具备_______、_____________、自动调整零点和量程等功能。

二、选择题

1．在传感器的分类中，按照被测量来分，免疫传感器属于（　　）。

A．物理传感器　　　　B．化学传感器

C．生物传感器　　　　D．数字传感器

2．（　　）是指传感器中能感受被测量的部分。

A．转换元件　　　　B．敏感元件

C．测量电路　　　　D．调节元件

3．传感器中，将转换元件输出的电量转换成便于显示、记录、控制和处理的电信号的部分称为（　　）。

A．转换电路　　　　B．敏感元件

C．测量电路　　D．调节元件

4．下列传感器中，按被测量进行分类的是（　　）。

A．温度传感器　　B．光电式传感器

C．热电偶传感器　　D．压电式传感器

5．下列说法中，不正确的是（　　）。

A．所有传感器都必须包含敏感元件、转换元件及转换电路三部分

B．传感器是测量器件或装置，能完成一定的检测任务

C．传感器的输入量是某被测量，可能是物理量，也可能是化学量、生物量等

D．传感器的输入与输出存在对应关系，且应有一定的精度

6．下列传感器中，按工作原理进行分类的是（　　）。

A．压力传感器　　B．温度传感器

C．热电偶传感器　　D．流量传感器

三、判断题

1．传感器的输入量是某一被测量，只可能是物理量，不可能是化学量、生物量等。（　　）

2．传感器的输出量要便于传输、转换、处理、显示等，而电量便于传输、转换、处理、显示，因此，通常情况下理想的输出量是电量。（　　）

3．传感器的输入与输出应当存在对应关系，且应有一定的精度，否则会因检测误差大而无法满足控制要求，甚至可能会引起安全事故。（　　）

4．所有的传感器都必须由敏感元件、转换元件及转换电路三部分组成，有时还需要增加辅助电源，提供传感器工作时所需的电源。（　　）

5．随着技术的发展，利用集成加工技术，可以将敏感元件、转换元件、转换电路等制作在同一芯片上。（　　）

6．传感器的可靠性直接影响电子设备的抗干扰性能，高可靠性、宽温度范围的传感器是永久性的研制方向。（　　）

四、简答题

1．传感器的定义是什么？试简要说明传感器的定义包含几层意思。

2．传感器由哪几个部分组成？每个部分的作用是什么？

3．传感器常用的分类方法有哪几种？若按工作原理分类，传感器可以分为哪几类？

4．传感器的发展趋势有哪些？试简要说明。

§1–2　传感器的特性与使用

一、填空题

1．通常用传感器的__________和__________描述其输入 – 输出特性。

2．衡量传感器静态特性的指标主要有__________、__________、__________、__________、__________、__________、__________、__________、__________等。

3．传感器的灵敏度是指静态标准条件下，传感器的__________与相应的__________的比值。线性传感器的灵敏度是个________。

4．传感器的线性度是指传感器的_______与_______之间数量关系的_______程度。

5．传感器的迟滞是指在相同工作条件下，传感器的__________和__________的不一致程度。

6．__________是指传感器在规定测量范围内所能检测出被测输入量的最小变化量。当被测输入量的变化______分辨力时，传感器对输入量的变化无任何反应。

7．传感器的动态特性是指其______对随_____变化的输入量的响应特性。一个动态特性好的传感器，其______将再现输入量的变化规律。

8．传感器精确度表示测量结果与真值的一致程度，它是_________和_________的综合，即随机误差和系统误差的综合。

二、选择题

1．传感器能感知的输入量越小，说明（　　）。

A．线性度越高　　B．迟滞越小

C．重复性越好　　D．分辨力越高

2．传感器的输出对随时间变化的输入量的响应特性称为传感器的（　　）。

A．动态特性　　B．线性度

C．重复性　　D．稳定性

3．属于传感器动态特性指标的是（　　）。

A．重复性　　B．固有频率

C．灵敏度　　D．漂移

4．传感器的主要功能是（　　）。

A．检测和转换　　B．滤波和放大

C．调制和解调　　D．传输和显示

5．能使传感器输出端产生可测变化量的被测量的最小变化量，称为（　　）。

A．灵敏度　　B．阈值

C．分辨力　　D．迟滞

6．精度较高的传感器都需要定期校准，一般每（ ）校准一次。

A．1 ~ 2 个月　　B．3 ~ 6 个月

C．1 年　　D．2 年

7．下列方法中，不是传感器常用检查方法的是（ ）。

A．调查法　　B．直观检查法

C．替换法　　D．仪器检查法

三、判断题

1．实际传感器的输入、输出特性都是非线性的，因此，常采用各种补偿环节来修正。（ ）

2．传感器产生迟滞现象的原因主要是传感器机械部分存在不可避免的缺陷，如轴承摩擦、间隙、紧固件松动和材料内摩擦等。（ ）

3．传感器的重复性是指传感器的输入量在同一方向（增加或减少）变化时，在全量程内连续进行重复测量所得到的输入、输出特性曲线不一致的程度。传感器重复性越好，使用误差可能会越大。（ ）

4．传感器的分辨力是指传感器能检测出被测信号的最小变化量。当被测信号的变化小于分辨力时，传感器对输入量的变化是毫无反应的。（ ）

5．传感器的精密度与准确度相辅相成，精密度高则准确度一定高。（ ）

6．精度较高、有特殊要求的传感器都需要定期校准，一般情况下每年校准一次即可。（ ）

7．传感器不使用时，应存放于温度为 10 ~ 35 ℃、相对湿度不大于 85%、无酸、无碱、无腐蚀性气体的室内。（ ）

四、简答题

1．传感器的迟滞是指什么？传感器产生迟滞的原因是什么？

2. 传感器的使用注意事项有哪些？

3. 传感器有哪些常用的检查方法？

4. 传感器有哪些常见的故障？

§1-3 测量技术基础

一、填空题

1. 测量是利用某一装置对被测量进行________和________检测的过程，即将被测量与同性质的标准量进行比较，获得被测量为__________的若干倍的过程。

2. 测量过程的三要素分别是__________、___________和____________。

3. 用测量工具对被测量进行测量时，测量结果与被测量的___________之间的差值，称为误差。

4. 根据测量过程中被测量是否随时间变化而变化的特点进行分类，可以将测量分为__________和__________。

5. 在相同的条件下，多次测量同一值时，误差出现的数值和正负号没有明显的规律，这种误差就称为_____________。

二、选择题

1. 无论采用哪一种形式的测量，其测量的结果总应包含两部分，即（　　）。

A．数值和单位　　B．数字量和模拟量

C．数值和误差　　D．大小和符号

2. 对于腐蚀性介质及危险场合的参数检测，可采用（　　）测量方法。

A．接触式　　B．非接触式

C．静态　　D．动态

3. 某人在三家商店分别购买了 100 kg 大白菜、10 kg 苹果、1 kg 糖果，发现均短缺约 0.5 kg，但该人对卖糖果的商店意见最大。在这个例子中，导致此心理反应的主要因素是（　　）的影响。

A．绝对误差　　B．相对误差

C．粗大误差　　D．随机误差

4. 下列选项中，不属于按误差出现规律分类的是（　　）。

A．粗大误差　　B．相对误差

C．随机误差　　D．系统误差

5.（　　）表现了测量结果的分散性，其值越小，精密度越高。

A．随机误差　　B．绝对误差

C．系统误差　　D．粗大误差

6. 实验中，用平衡电桥测量电阻的阻值，属于（　　）测量；而用水银温度计测量水温的微小变化，属于（　　）测量。

A．偏差式　　B．零位式

C．微差式　　D．不等精度

7. 因精神不集中而写错数据造成的误差，属于（　　）。

A．系统误差　　B．随机误差

C．粗大误差　　D．相对误差

三、判断题

1．测量结果可以表现为具体的数字，也可表现为一条曲线或显示成某种图形等。（　　）

2．测量结果包含数值（大小和符号）和单位两部分。（　　）

3．直接测量是指用标定的测量工具直接读取被测量的结果而无须经过任何运算。（　　）

4．用超声波测距仪测量距离和用红外测温仪测量温度等都属于接触式测量。（　　）

5．用事先标定好的测量仪器进行测量，根据被测量引起显示器的偏移值，直接读取被测量的值，这种测量方式称为零位式测量。（　　）

6．同一个测量者，用同一台仪器，采用同样的方法，在同样的环境条件下对同一被测量进行多次重复测量，这种测量方式称为等精度测量。（　　）

7．一般认为，无限次重复测量所得结果的平均值与被测量的真值之差为系统误差。系统误差表明了一个测量值偏离真实值的程度，系统误差越小，测量就越准确。（　　）

四、简答题

1．什么是测量?

2．有一台测温仪表，测量范围为 –200 ~ 800 ℃，精度为0.5级。现用它测量500 ℃的温度，求仪表引起的最大绝对误差和最大相对误差。

3．什么是系统误差？系统误差产生的原因是什么？

4．按照传感器是否与被测量对象直接接触来分，测量可以分为哪几类？试分别举例说明。

第二章　温度传感器

§2-1　温度测量概述

一、填空题

1．热量的传递方向是从________________到________________。

2．在国际单位制中，采用________温标。目前，国际上广泛采用和认可的温标有__________、__________和________________等。

3．温度传感器是检测______________的器件，它是一种能够将温度的变化转换成____________而进行测量的装置。

4．从是否与被测物体接触来看，温度传感器主要分为____________________和____________________两大类。

5．从工作原理上看，目前使用较多的温度传感器是__________传感器和__________传感器。

6．热电式传感器是利用________________________随温度变化的特性来实现对温度的测量的。热电式传感器主要包括__________传感器、__________传感器和__________传感器等。

二、选择题

1．摄氏温度与热力学温度的关系是（　　）。

A．$t=T+273.15$ K　　B．$t=T-273.15$ K

C．$T=t-273.15$ K　　D．$T=273.15$ K$-t$

2．目前，我国日常生活中普遍使用的温标是（　　）。

A．摄氏温标　　B．华氏温标

C．热力学温标　　D．国际实用温标

3．宇宙飞船使用各类传感器智能化地感知各种信息，其中感知宇航员体温变化的传感器是（　　）。

A．气体传感器　　B．声音传感器

C．温度传感器　　D．压力传感器

4．下列电子产品中，没有使用温度传感器的是（　　）。

A．调温电熨斗　　B．动圈式话筒

C．电饭锅　　D．自动控温热水器

5．下列选项中，属于非接触式温度传感器的是（　　）。

A．红外测温仪　　　　　　　　　　B．双金属温度传感器

C．铂热电阻传感器　　　　　　　　D．水银温度计

6．关于非接触式温度传感器，下列说法错误的是（　　）。

A．非接触式温度传感器主要有热电偶传感器和热敏电阻传感器等

B．非接触式温度传感器测温时不需要与被测物体接触

C．非接触式温度传感器可以测量高温、有腐蚀性、有毒和运动物体的温度

D．光学高温计、红外温度传感器都是非接触式温度传感器

三、判断题

1．物体温度的高低决定了热量传递的方向，热量总是从温度高的物体传递到温度低的物体。（　　）

2．华氏温标是在标准大气压下，把冰的熔点定为 32 °F，把水的沸点定为 212 °F，中间分为 100 等份，每一等份为 1 华氏度，即 1 °F。（　　）

3．热电式传感器是利用敏感元件的尺寸大小等参数随温度变化的特性来实现对温度的测量。热电式传感器主要包括热电偶、热电阻等类型。（　　）

4．非接触式温度传感器是通过热辐射原理来测量温度的，测温元件无须与被测对象接触，测温范围广，不受测温上限的限制，也不会破坏被测对象的温度场，反应速度一般也比较快。（　　）

四、简答题

1．常用的温标有哪几种？它们之间应如何换算？

2．一般情况下，能作为温度传感器使用的物体需要具备哪些条件？

3. 简述接触式温度传感器与非接触式温度传感器的区别。

§ 2–2 热电偶传感器

一、填空题

1. 热电偶是由两根不同材料的________________焊接或绞接而成的。

2. 热电偶的两端，一端称为________，另一端称为________。

3. 热电偶回路中热电动势的大小只与________________________和________________有关，与________________________无关。

4. 只有________的导体或______才能组合成热电偶，________材料不会产生热电动势。

5. 只有当热电偶两端温度______，热电偶的两导体（或半导体）材料______时，才有热电动势产生。

6. 热电偶的灵敏度比较______，不适合测量________的温度变化。

7. 补偿导线常用作热电偶的冷端温度补偿，它的理论依据是________定律。

8. 热电偶冷端温度补偿常用的方法有________法、________法、________法。

9. 中间导体定律的内容是在热电偶中接入第三种导体，只要第三种导体的两端温度相同，则回路中的__________不变。

二、选择题

1.（　　）的数值越大，热电偶的输出热电动势就越大。

A．热端直径　　B．热端和冷端温度

C．热端和冷端温差　　D．热电极的电导率

2. 下列选项中，不属于热电偶优点的是（　　）。

A．结构简单　　B．测量范围广

C．热惯性小　　D．适合测量微小温度变化

3．下列关于热电偶材料要求的说法，不正确的是（　　）。

A．热电动势大，测温范围宽，线性好

B．物理性质、化学性质稳定

C．电阻温度系数大，电阻率小

D．易加工，材料复制性好，工艺简单，价格便宜

4．热电偶测温回路中，经常使用补偿导线的最主要目的是（　　）。

A．补偿热电偶冷端热电动势的损失

B．补偿冷端温度

C．将热电偶冷端延长到远离高温区的地方

D．提高灵敏度

5．在实验室测量金属的熔点时，冷端温度的补偿采用（　　），可减小测量误差；而在车间用带微机的数字式测量仪表测量炉膛的温度时，采用（　　）较为妥当。

A．计算修正法　　B．仪表机械零点调整法

C．冷端恒温法　　D．电桥补偿法

6．为了减小热电偶测温时的测量误差，需要进行的冷端温度补偿方法不包括（　　）。

A．计算修正法　　B．电桥补偿法

C．冷端恒温法　　D．差动放大法

7．在实际的热电偶测温应用中，接入测量仪表而不影响测量结果是利用了热电偶的（　　）定律。

A．中间导体　　B．中间温度

C．参考电极　　D．均质导体

三、判断题

1．金属的热电效应是指在由两种不同金属组成的闭合回路中，当两个接触点处的温度不同时，回路中会产生热电动势。（　　）

2．热电偶是利用金属导体热电效应制成的测温元件，它可以用相同材料的金属导体或半导体组成。（　　）

3．热电偶回路中热电动势的大小，不仅与组成热电偶的导体材料和两结点的温度有关，而且与热电偶的形状及尺寸有关。（　　）

4．如果热电偶回路中的两个热电极材料相同，无论两结点的温度如何，热电动势均为零。（　　）

5．在热电偶回路中接入第三种导体，即使第三种导体的两端温度相同，回路中的总热电动势也会发生变化。（　　）

6．热电偶传感器具有结构简单、制造方便、测温范围宽、测量精度高、热惯性小及输出信号易于远程传输等优点。此外，热电偶传感器还是一种有源传感器，测量时无须外加电源即可工作。（　　）

7．电桥补偿法是仪表中常用的一种处理方法，它利用不平衡电桥产生的不平衡电压来补偿热电偶因冷端温度变化而引起的热电动势变化。（ ）

四、简答题

1．什么是金属导体的热电效应？

2．按结构不同分类，热电偶主要有哪几种类型？

3．进行冷端补偿的目的是什么？常用的冷端补偿方法有哪些？

4．简述热电偶的参考电极定律，并简要说明其使用价值。

5. 使用电桥补偿法时应注意哪些事项？

6. 用镍铬－镍硅（K 型）热电偶测量温度，已知冷端温度为 40 ℃，用高精度毫伏表测得此时的热电动势为 29.188 mV，求被测点的温度。

§2–3 金属热电阻传感器

一、填空题

1. 工业上广泛应用热电阻传感器来测量__________℃范围内的温度。

2. 电阻式温度传感器就是以一定方式将________的变化转换为敏感元件的________变化，进而通过电路转换成__________信号输出。

3. 按制造材料进行分类，电阻式温度传感器可分为_____________传感器和_______________传感器。

4. 纯金属具有_________的温度系数，即纯金属的电阻值随着温度的升高而_______，可以作为测温元件。金属热电阻种类较多，如铂、铜、镍、铁等，常用的有________电阻和________电阻。

5. 目前，我国常用的铂热电阻分度号有________和_________。

6. 普通型金属热电阻传感器由__________、__________、_______、__________

和__________等组成。

7．金属热电阻传感器在安装时，会因为_________、_________、______和密封等因素而对安装提出各种具体要求。

8．温度传感器的插入方向应与被测介质流向_______或者_______，尽量避免与被测介质流向_______。

9．已知某铜热电阻在 0 ℃时的电阻值为 50 Ω，则其分度号是_________。

二、选择题

1．测量轴瓦和其他机件的端面温度可采用（　　）。

A．普通型金属热电阻传感器　　B．铠装金属热电阻传感器

C．防爆型金属热电阻传感器　　D．端面金属热电阻传感器

2．在进行温度测量时需要使用补偿导线的传感器是（　　）。

A．热电偶传感器　　B．热敏电阻传感器

C．金属热电阻传感器　　D．水银温度计

3．常用的金属热电阻不包括（　　）。

A．铂热电阻　　B．铜热电阻　　C．镍热电阻　　D．银热电阻

4．常用热电阻中，（　　）的性能最好，可制成标准电阻温度计。

A．铂热电阻　　B．铜热电阻　　C．镍热电阻　　D．银热电阻

5．热电阻是利用导体的电阻率随温度变化而变化这一物理现象测量温度的。几乎所有的物质都具有这一特性，但作为测温用的热电阻还应具有一些具体的特性，其中不包括（　　）。

A．电阻温度系数大，可获得较高的灵敏度

B．电阻率大，元件尺寸可以较小

C．电阻值随温度变化尽量是非线性关系

D．在测温范围内，物理、化学性能稳定

6．下列关于热电阻传感器的安装，不正确的一项是（　　）。

A．传感器的安装地点应选择在便于安装、维护的位置

B．传感器的插入方向应与被测介质流向一致

C．传感器插入部分越长，测量误差越小

D．为防止热量损耗，传感器暴露在设备外面的部分要尽量短

三、判断题

1．金属热电阻是利用金属导体的电阻随温度变化而变化的特性工作的。（　　）

2．铂丝是目前公认的制作热电阻的最佳材料，其物理和化学性能非常稳定，具有测温范围宽、测量线性度较好、测量精度高以及易于提纯等特点。（　　）

3．在测量无腐蚀性的气体或固体表面温度时，不能直接使用金属热电阻。（　　）

4．当温度传感器安装在负压管道或容器内时，应确保安装的密封性良好。对于密封性要求较高的腔体温度测量，温度传感器安装完毕后，需进行气密性检查。（　　）

5．当温度传感器安装在含有固体颗粒和流速较高的介质中时，为防止其长期受到冲刷而损坏，可在温度传感器前方加装保护板。（　　）

6. 工业用热电阻传感器的校验方法比较简单，通常只需校验 R_{100}/R_0 的值。
( )

四、简答题

1. 金属热电阻常用的材料有哪些？各有什么特点？

2. 铠装金属热电阻传感器主要由哪几部分组成？与普通型金属热电阻传感器相比，该传感器有哪些优点？

3. 简述工业用热电阻传感器的校验方法。

4. 简述热电偶与热电阻的区别。

§2–4　红外温度传感器

一、填空题

1. 任何物体只要________超过绝对零度就能产生____________，同可见光一样，这种辐射还能够进行___________和____________。

2. 通过对物体____________能量的探测，便可准确地确定它的____________。________________传感器便是利用这一原理来检测温度的。

3. 红外探测器又称为能量探测器，它是利用红外辐射的____________效应和____________效应，通过______________转换来探测辐射的。

4. 红外温度传感器的核心是______________，它是一种__________________，主要用于将接收的__________________转换为便于________________的电能、热能等其他形式的能量。

5. 目前，国内外使用较多的红外探测器有_____________型、_____________型和____________型等。

6. 光电效应可分为____________、____________和____________三类。

7. 按照所依据原理的不同，光子探测器一般可分为__________探测器和__________探测器两种。

8. 红外温度传感器一般由___________、______________、__________________及显示单元等组成。

9．热电堆探测器由多个材料、结构相同的________构成，其工作原理与________相同。

二、选择题

1．额温枪具有快速、可实现非接触式测温等特点，广泛应用于家庭、学校、公共场所，其核心部件是（　　）。

A．位移传感器　　B．声音传感器

C．力传感器　　D．红外温度传感器

2．下列物理量中，适合用红外传感器进行测量的是（　　）。

A．厚度　　B．加速度

C．转速　　D．温度

3．下列传感器中，可实现非接触式测温的是（　　）。

A．热电偶传感器

B．金属热电阻传感器

C．红外温度传感器

D．热敏电阻传感器

4．用遥控器调换电视机频道的过程，实际上就是传感器把光信号转换成电信号的过程，下列装置中属于这类传感器的是（　　）。

A．红外报警装置

B．走廊照明灯的声控开关

C．自动洗衣机中的压力传感装置

D．电饭煲中控制加热和保温的温控器

5．红外光导摄像管中，红外图像所产生的温度分布可以在靶面上感应出相应电压分布图像的物理基础是（　　）。

A．光电效应　　B．电磁效应

C．压电效应　　D．热电效应

6．下列关于红外温度传感器的说法，不正确的是（　　）。

A．热释电探测器的时间常数较大，因此不适合用于要求快速、高灵敏度的探测

B．光子探测器的探测率一般比热释电探测器大 1 ~ 2 个数量级，其响应速度快，响应时间为微秒或纳秒级

C．光子探测器的光谱响应特性与热释电探测器完全不同，通常需要制冷至较低温度才能正常工作

D．红外温度传感器具有很多优点，但不适合用于测量腐蚀性介质和运动物体的温度

三、判断题

1．自然界中，任何高于绝对零度（–273.15 ℃）的物体都将发出红外辐射，红外辐射即红外线。（　　）

2．物体的温度越高，辐射出来的红外线越多，红外辐射的能量就越强。通过对物

体红外辐射能量的探测，便可准确地确定其表面温度。 （ ）

3．红外探测器是红外温度传感器的核心，主要用于将接收的红外辐射能转换为便于测量或观察的电能、热能等其他形式的能量。 （ ）

4．由于热释电探测器的时间常数较大，因此适合用于快速、高灵敏度的探测。 （ ）

5．与热电偶、热电阻等常规温度传感器相比，红外温度传感器具有测温范围宽、使用寿命长、性能可靠、响应速度快和非接触式测量等优点。 （ ）

6．如果目标运动速度很快或需要测量快速加热的目标，则应选用响应快速的红外温度传感器，否则可能因信号响应不足而降低测量精度。 （ ）

四、简答题

1．热释电探测器是如何工作的？

2．热释电探测器与光子探测器的应用领域有何不同？

3．与热电偶传感器、金属热电阻传感器等常规温度传感器相比，红外温度传感器有哪些优点？

4．红外温度传感器在使用中需要注意哪些事项？

5．选用红外温度传感器时应考虑哪些因素？

第三章　力传感器

§3-1　弹性敏感元件

一、填空题

1．力传感器是将各种__________转换成___________的器件。

2．力传感器有很多种，按照从力到电的转换原理进行分类，主要有_________、_________、_________、_________、__________、_________等，其中大多数需要_________________或其他敏感元件进行转换。

3．力传感器通过弹性敏感元件将力转换成_____________，然后再由转换元件将_____________转换成_____________。

4．实际的弹性敏感元件在加 / 卸载的正、反行程中变形曲线是不重合的，这种现象称为___________现象，它会给测量带来误差。

5．弹性敏感元件都有自己的固有振荡频率，它将影响传感器的___________。传感器的工作频率应__________弹性敏感元件的固有振荡频率，实际应用中，往往希望固有振荡频率_________。

6．变换一般作用力的弹性敏感元件大都采用______________、______________、等截面薄板、___________及___________等结构。

7．波纹管在承受流体压力时，其轴向展现出良好的_________能力，并具备较高的灵敏度。

二、选择题

1．空心圆柱式弹性敏感元件可以测量（　　）的压力。

A．1 N　　B．1 ~ 10 kN

C．10 N　　D．100 N

2．变换流体压力的弹性敏感元件有弹簧管、波纹管、（　　）、膜盒和薄壁圆筒等。

A．波纹膜片　　B．电阻膜片

C．压力膜片　　D．圆柱膜片

3．弹性敏感元件是一种利用（　　）把感受到的非电量转换为电量的敏感元件。

A．变形　　B．温度差异

C．电阻变化　　D．磁场效应

4．力传感器中直接感受被测量的部分是（　　）。

A．传感元件　　B．弹性敏感元件

C．测量转换电路　　D．辅助件

三、名词解释

1．弹性敏感元件的灵敏度

2．弹性滞后

3．弹性后效

四、简答题

1．弹性敏感元件具有哪些基本特性？

2．简述弹性敏感元件弹簧管的工作原理。

§3-2 电阻应变式力传感器

一、填空题

1. 电阻应变式力传感器由＿＿＿＿＿＿和＿＿＿＿＿两大部分组成。其作用是利用电阻应变片将＿＿＿＿＿＿＿转换成＿＿＿＿的变化，其核心是＿＿＿＿＿＿＿＿。

2. 导体材料在外力作用下产生机械变形时，其电阻值会发生变化，这种现象称为＿＿＿＿＿＿。

3. 不同的金属材料有不同的灵敏系数。一般情况下，金属电阻应变片的灵敏系数为＿＿＿＿＿＿＿＿，比如铜铬合金的灵敏系数约为＿＿＿＿＿。

4. 应变片可分为＿＿＿＿＿＿＿＿和＿＿＿＿＿＿＿＿两大类。在电阻应变式力传感器中使用较多的是＿＿＿＿＿＿应变片，主要分为＿＿＿＿＿式、＿＿＿＿＿式和薄膜式三种。

5. 零漂是指在外界的干扰下，当＿＿＿＿＿为零时，＿＿＿＿＿可能不为零的现象。零漂可分为＿＿＿＿＿＿和＿＿＿＿＿＿。

6. 为了保证测量精度，在静态测量时，一般允许通过的电流为＿＿＿＿＿，而在动态测量时，可达＿＿＿＿＿＿，箔式应变片的允许电流可稍大于其他类型。

7. 电阻应变式力传感器的使用方法有两种：第一种是将＿＿＿＿＿＿＿＿＿直接粘贴在＿＿＿＿＿＿＿上，用来测定构件的应变或应力；第二种是将＿＿＿＿＿＿＿＿＿贴于＿＿＿＿＿＿＿＿＿＿上，与＿＿＿＿＿＿＿＿＿＿一起构成电阻应变式力传感器。

8. 电阻应变式力传感器的测量转换电路通常采用＿＿＿＿＿＿＿电路。

二、选择题

1. 将应变片贴在（　　）上，可以分别制成测量位移、力、加速度的传感器。

A. 试件　　B. 质量块

C. 弹性敏感元件　　D. 机器组件

2. 电阻应变式力传感器的核心元件是（　　）。

A. 敏感栅　　B. 基底和覆盖层

C. 电阻应变片　　D. 引线

3. 电阻应变式力传感器常用于测量（　　）。

A. 温度　　B. 密度　　C. 加速度　　D. 电阻值

4. 电桥测量转换电路的作用是将传感器的参量变化转换为（　　）的输出。

A. 电阻　　B. 电容

C. 电压或电流　　D. 电荷

5. 电子秤中使用的电阻应变片应选择（　　）。

A. 金属丝式电阻应变片　　B. 金属箔式电阻应变片

C. 电阻应变仪　　D. 薄膜式电阻应变片

6.（　　）主要是由于敏感栅、基底和黏合层在承受机械应变后留下的残余变形所致。

A．电阻值减小　　　　B．机械滞后

C．灵敏度下降　　　　D．绝缘电阻值增大

三、判断题

1．用应变片测量试件的应变或应力时，将应变片贴在试件表面，在外力作用下，试件产生微小机械变形，应变片随其发生不同的变化。（　　）

2．应变片可分为金属应变片和半导体应变片两大类，在力传感器中使用较多的是半导体应变片。（　　）

3．机械滞后是指应变片在一定温度下受到加 / 卸载循环机械应变时，同一应变量下应变指示值的最小差值。（　　）

4．电流的热效应会引起不必要的应变片应变，将会影响测量精度。（　　）

5．如果在一定温度下能够使应变片承受规律变化的机械应变，这时指示应变随时间变化的特性称为该应变片的蠕变。（　　）

四、简答题

1．简述电阻应变片的工作原理。

2．电阻应变式力传感器的使用方法有哪些？分别是如何工作的？

3．下图所示电桥中，输入电压 U_i=300 V，R_1=R_2=R_3=R_4=120 Ω，若 ΔR_1=ΔR_3=0.3 Ω，ΔR_2=ΔR_4=0，求输出电压 U_o。

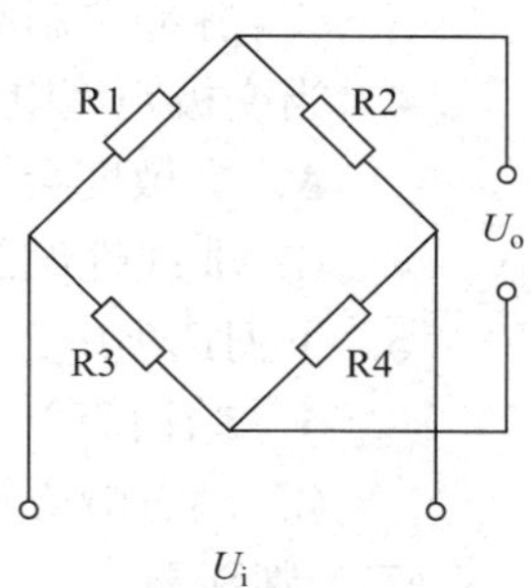

§3–3 电容式力传感器

一、填空题

1．电容式传感器是一种将被测物理量转换为__________的变化，随后由测量电路将__________的变化量转换为__________、__________或__________信号输出，从而完成对被测物理量的测量的传感器。

2．根据工作原理不同，电容式传感器可分为________________、________________和__________________三种。

3．电容式传感器的常用测量电路有_____________________和_____________等。

4．为了提高灵敏度，减小非线性，常把变极距型电容式传感器做成____________。

5．用不同的变面积型电容式传感器可以测量不同的参数，一般可用来测量__________、__________、___________等参数。

6．变面积型电容式传感器分为________________________、__________________和__________________三种，这三种变面积型电容式传感器的定、动极板形状_________，测量的物理量也________。

7．实验证明，电容量的变化量与进入两极板间的介质的_____________、进入的__________以及_____________等有关。

8．变极距型电容式传感器的输出特性是________的，虽可采用________结构来改善，但不可能完全消除。

二、选择题

1．如将变面积型电容式传感器接成差动形式，则其灵敏度将（　　）。

A．保持不变　　B．增大 1 倍

C．减小一半　　D．增大 2 倍

2．用电容式传感器测量固体或液体物位时，应选用（　　）。

A．变极距型　　B．变面积型

C．变介电常数型　　D．空气介质变极距型

3．下列电路中，不属于电容式传感器测量电路的是（　　）。

A．调频测量电路　　B．运算放大器测量电路

C．脉冲调制测量电路　　D．相敏检波测量电路

4．当变极距型电容式传感器两极板间的初始距离 d 增加时，该传感器的（　　）。

A．灵敏度会增加　　B．灵敏度会减小

C．非线性误差会增加　　D．非线性误差不变

5．下列选项中，（　　）不是电容式力传感器的优点。

A．结构简单　　B．分辨率低

C．动态响应特性好　　D．温度稳定性好

三、判断题

1．为了提高电容式传感器的灵敏度，减小非线性，常把电容式传感器做成差动形式。（　　）

2．由于变面积型电容式传感器的电容量与两极板相互覆盖的面积成正比，所以变面积型电容式传感器的输出特性是线性的，灵敏度是常数。（　　）

3．每一种物质的介电常数都不同，所以在两极板间插入不同的介质，就会改变电容器的电容量。（　　）

4．在被测件不允许采用接触测量的情况下，电容式传感器不能完成测量任务。（　　）

5．电容式传感器的电容量受其电极几何尺寸等限制，一般为几十到几百皮法，这使得传感器的输出阻抗很高。（　　）

四、简答题

1．根据工作原理不同，电容式传感器可分为哪几种类型？

2．简要描述电容式传感器的优缺点。

3．某变极距型电容式传感器的极板半径 r=4 mm，间隙 δ =0.5 mm，极板间介质为空气（空气的介电常数 ε_0=8.854 × 10^{-12} F/m）。求其静态灵敏度，并计算当极板移动 2 mm 时，电容量的变化量。

4．试推导差动式变极距型电容式传感器的灵敏度，并将其与单极式变极距型电容式传感器的灵敏度相比较。

§ 3–4 压电式力传感器

一、填空题

1．某些电介质在一定方向上受到外力的作用而变形时，其内部会产生极化现象，即同时在它的两个相对表面上出现____________的电荷。

2．压电材料将________转变成________或将_______转变成________的转换能力称为压电常数，它反映压电材料____________与____________之间的耦合关系。

3．压电式力传感器中的压电元件材料一般有__________、__________和__________三类。

4．压电材料是有极性的，常用的接法有________法和________法。

5．压电式力传感器可等效为一个电荷源与一个________并联，也可等效为一个与电容器相串联的电压源。

二、选择题

1．正压电效应是指当外力去掉后，压电材料又会恢复到不带电的状态。当作用力的方向改变时，电荷的极性会（　　）。

A．保持不变　　B．改变

C．消失　　D．维持原状

2．压电式力传感器具有体积小、质量小、（　　）、信噪比大等特点。

A．响应频带窄　　B．灵敏度高

C．结构复杂　　D．灵敏度低

3．在电介质的极化方向上施加电场，电介质会产生机械变形；当去掉外加电场时，电介质的变形随之消失，这种现象称为（　　）。

A．逆压电效应　　B．电场效应

C．物理效应　　D．生化效应

4．石英晶体是一种性能良好的（　　），它的突出优点是性能非常稳定。

A．压电晶体　　B．振荡晶体

C．压电陶瓷　　D．导体

5．用于测量厚度的压电陶瓷器件利用了（　　）原理。

A．磁阻效应　　B．压阻效应

C．压电效应　　D．电磁效应

6．压电元件在以电压作为输出量且测量电路输入阻抗很高的场合适宜采用（　　）。

A．串联法连接　　B．并联法连接

C．串联法或并联法连接　　D．单一的压电元件

7．压电式力传感器主要用于脉动力、冲击力、（　　）等动态参数的测量。

A．移动　　B．振动　　C．温度　　D．压力

三、名词解释

1．压电效应

2. 压电常数

3. 居里点

四、简答题

1. 压电式力传感器的工作原理是什么？它具有哪些特点？

2. 为什么说压电式传感器只适用于动态测量，而不能用于静态测量？

3. 常用的压电材料有哪些？各有什么特点？

4．压电元件在使用时，常采用多片串联或并联的结构形式。请分析在不同接法下，输出电压、电荷和电容之间的关系，并讨论它们分别适用于哪些应用场合。

§3–5　压阻式压力传感器

一、填空题

1．压阻式传感器是基于半导体的__________工作的。

2．利用半导体材料制成的压阻式传感器有两种类型，一种是________________________，另一种是______________________。

3．压阻式压力传感器的敏感元件是________，它主要由________、________和引出线等组成。

4．压阻式压力传感器的测量电路一般采用____________________检测电路，按供电方式可以分为_________和_________两种形式。

5．压阻式压力传感器可以测量_________、_________及_________。

6．压阻式压力传感器的__________高，适用于__________测量。

二、选择题

1．电子秤采用的传感器是（　　）。

A．电阻应变式力传感器　　B．压阻式压力传感器

C．压电式传感器　　D．霍尔式传感器

2．（　　）的基本工作原理是基于压阻效应的。

A．金属应变片　　B．半导体应变片

C．压敏电阻　　D．压电材料

3．压阻式压力传感器与金属膜片应变式压力传感器的（　　）基本相同。

A．工作原理　　B．材料

C．工艺　　D．性能

4．下列选项中，不是半导体应变片特点的是（　　）。

A．体积小　　B．结构比较简单

C．动态响应快　　D．灵敏度较低

5．压阻式传感器的测量电路采用恒流源供电时，具有（　　）的优点。

A．电桥输出与温度变化无关　　B．电桥输出与电流大小无关

C．电桥输出与精度无关　　D．电桥输出与电阻无关

三、名词解释

1．压阻效应

2．相对压力

四、简答题

1．压阻式压力传感器多采用恒流源供电，其供电电流的范围是什么？为什么不能选择过大或过小的电流？

2．压阻式压力传感器通常有三个压力范围，它们分别是什么？

第四章　位移传感器

§ 4–1　电位器式位移传感器

一、填空题

1．电位器是一种____________元件，电位器式传感器一般由________、________及________等组成。

2．电位器中的电刷相对于电阻丝的运动可以是____________、____________或____________。

3．根据输入－输出特性的不同，电位器式传感器可以分为________________和________________两种。根据结构形式不同，又可分为________________和________________两种。

4．常用的非绕线式电位器有____________________、____________________、________________、________________和________________等。

5．光敏电位器最大的优点是____________，不存在磨损问题，从而提高了传感器的________、________、________及________。

6．电位器式位移传感器是电位器式传感器的典型应用，其输入为____________或者____________，输出为__________。

二、选择题

1．下列选项中，不是电位器式传感器优点的是（　　）。

A．结构简单　　B．使用方便

C．输出信号小　　D．价格低廉

2．下列关于电位器式传感器的说法，不正确的是（　　）。

A．在电位器的制作中应尽量减小每匝电阻丝的电阻值

B．电位器式传感器的优点是结构简单，输出信号大，使用方便

C．电位器式传感器的主要缺点是分辨率不高，精度不高，易磨损

D．电位器式传感器的动态响应较好，适用于动态快速测量

3．下列选项中，属于非接触式电位器的是（　　）。

A．合成膜电位器

B．金属膜电位器

C．导电塑料电位器

D．光敏电位器

4．合成膜电位器的电阻值范围宽，分辨率较高，耐磨性较好，工艺简单，价格低，输入／输出信号的线性度较好。但也存在一些缺点，下列选项中不属于合成膜电位器缺点的是（　　）。

A．接触电阻大　　B．噪声较大

C．功率大　　D．容易吸潮

三、判断题

1．电位器式位移传感器是最基本的电阻式传感器，主要用于角位移和线位移的检测和电位的调节。（　　）

2．电位器式传感器除了用于线位移和角位移测量外，还广泛应用于测量压力、加速度、液位等物理量。（　　）

3．电位器式传感器的可动电刷与被测物体相连，被测物体的位移引起电位器的电阻值变化，该电阻值的变化只能反映位移的量值。（　　）

4．电位器式传感器的主要缺点是分辨率不高，精度不高，易磨损，所以不适用于精度要求较高的场合。另外，其动态响应较差，不适用于动态快速测量。（　　）

5．电位器式传感器的种类较多，根据输入－输出特性不同，电位器式传感器可分为绕线式和非绕线式两种。（　　）

四、简答题

1．简述电位器式位移传感器的工作原理。

2．电位器式位移传感器的特点和适用场合分别是什么？

3．绕线式电位器式传感器有哪些优缺点？其适用于什么场合？

§4–2 电感式位移传感器

一、填空题

1．按照传感器磁路几何参数变化的形式不同来分，目前常用的电感式传感器有＿＿＿＿＿＿＿和＿＿＿＿＿＿＿两大类。

2．电感式位移传感器是利用＿＿＿＿＿＿的变化引起＿＿＿＿＿＿＿＿＿的变化，从而导致＿＿＿＿＿＿＿改变这一物理现象来实现测量的。

3．自感式位移传感器一般由＿＿＿＿＿、＿＿＿＿＿和＿＿＿＿＿三部分构成。

4．自感式位移传感器的常见形式有＿＿＿＿＿＿＿、＿＿＿＿＿＿＿、＿＿＿＿＿＿＿和＿＿＿＿＿四种。

5．对于变气隙型自感式位移传感器，电感 L 与气隙厚度 δ 成＿＿＿＿＿比，δ 小则灵敏度就＿＿＿＿＿。

6．差动变压器式位移传感器是将＿＿＿＿＿＿＿转换为＿＿＿＿＿＿＿＿＿的传感器，因其二次绕组接成＿＿＿＿＿＿，且根据＿＿＿＿＿＿的基本原理工作，所以称为差动变压器式位移传感器。

二、选择题

1．下列传感器中，属于自发电型传感器的是（　　）传感器。

A．电容式　　B．电阻式

C．热电偶　　D．电感式

2．差动变压器式位移传感器属于（　　）传感器。

A．电感式　　B．电容式

C．光电式　　D．电阻式

3．差动型自感式位移传感器的灵敏度比原来提高了（　　）倍。

A．1　　B．2　　C．3　　D．4

4．螺线管型自感式位移传感器采用差动结构是为了（　　）。

A．增加线性范围　　B．提高灵敏度，减小温漂

C．减小误差　　D．降低成本

5．螺线管型自感式位移传感器广泛用于测量（　　）。

A．大量程角位移　　B．小量程角位移

C．大量程直线位移　　D．小量程直线位移

三、判断题

1．电涡流式位移传感器属于互感式位移传感器。（　　）

2．螺线管型自感式位移传感器的灵敏度较低，但量程大且结构简单，易于制作和批量生产，是使用非常广泛的一种电感式位移传感器。（　　）

3．变气隙型自感式位移传感器的气隙厚度 δ 越小，灵敏度越高。（　　）

4．变气隙型自感式位移传感器的实际输出特性只有在很小的一段区域接近线性，故只能用于微小位移的测量。（　　）

5．变气隙型自感式位移传感器灵敏度较高，且非线性误差较小，但制作装配比较困难。（　　）

6．电涡流式位移传感器的最大特点是可以对金属导电物体进行非接触式连续测量。（　　）

四、简答题

1．简述自感式位移传感器的工作原理。自感式位移传感器有哪些常见的类型？

2．简述差动型自感式位移传感器和差动变压器式位移传感器在结构和工作原理上的异同。

3．电涡流式位移传感器是基于什么物理效应工作的？试举例说明其在生产或生活中的应用。

4．为什么螺线管型电感式传感器相比变气隙型电感式传感器具有更大的测位移范围？

§4–3　电容式位移传感器

一、填空题

1．电容式位移传感器是将________转化成________，再将________转变成________输出。

2．电容式位移传感器是______测量用传感器，具有______、______和______的特点。

3．电容式位移传感器的电容器极板多为______材料，极板间衬物多为______材料，因此，可以在高温、低温、强磁场、强辐射下长期工作。

4．在设计电容式位移传感器时，应选择合理的________，选择________小、______稳定的材料，或者在测量电路中采用______结构加以补偿。

5．电容器电场的边缘效应相当于在传感器上并联了一个______，其结果是使传感器的______下降和______增加。

6．测量液位的电容式传感器通常由______和______组成，一般情况下两者是______的，用______或______方式相连。

二、选择题

1. 汽车油箱的油量一般用（ ）进行测量。

A. 电容式液位传感器　B. 应变式压力传感器

C. 浮子液位传感器　D. 电缆式浮球开关

2. 下列传感器中，（ ）不能用作加速度检测传感器。

A. 电容式传感器　B. 压电式传感器

C. 电感式传感器　D. 热电偶传感器

3. 电容式传感器采用差动连接的目的是（ ）。

A. 改善回程误差　B. 提高固有频率

C. 提高精度　D. 提高灵敏度

4. 在电容式传感器中，如果应用调频测量转换电路，则电路中（ ）。

A. 电容和电感均为变量

B. 电容为变量，电感保持不变

C. 电感为变量，电容保持不变

D. 电容和电感均保持不变

5. 下列关于电容式传感器特点的说法，不正确的是（ ）。

A. 结构简单，可实现非接触式测量

B. 灵敏度高，分辨率高，动态响应好

C. 可在恶劣环境下工作，不易受电磁干扰

D. 受温度影响大，存在寄生电容

6. 提高传感器的灵敏度和减小非线性误差相互矛盾的电容式传感器是（ ）电容式传感器。

A. 变面积型　B. 变极距型

C. 变介电常数型　D. 螺线管型

7. 下列电容式传感器中，具有线性输出，常用于测量较大直线位移和角位移的是（ ）电容式传感器。

A. 变面积型　B. 变极距型

C. 变介电常数型　D. 螺线管型

三、判断题

1. 电容式传感器不可实现非接触式测量。（ ）

2. 电容式传感器可以对位移、加速度、压力等进行测量。（ ）

3. 任何两个导体之间均可构成电容联系。电容式传感器除了极板间电容外，极板还可能与周围物体之间产生电容联系。（ ）

4. 环境温度的改变将引起电容式传感器各部分零件几何尺寸和相互间几何位置的变化，从而产生附加电容。（ ）

5. 利用电容式液位传感器进行测量时，必须保证两种介质的介电常数一致，否则介电常数的变化会直接导致误差的产生。（ ）

四、简答题

1．电容式位移传感器的工作原理是什么？分为哪几种类型？

2．电容式位移传感器在应用中应注意哪些问题？

3．已知变面积型电容式传感器的两极板间初始距离为 10 mm，极板间介质的介电常数 ε =50 μF/m，两极板的几何尺寸均为 30 mm × 20 mm × 5 mm，在外力作用下，动极板从原位置向外移动了 10 mm，求电容量的变化量 ΔC。

§4–4 接近开关

一、填空题

1．接近开关又称__________，是理想的电子______传感器。

2．接近开关按工作原理不同，可分为________、________、________和________等类型。

3．由于应变片、电位器之类的传感器属于________测量，因此无法用于接近开关。

4．接近开关在自动控制系统中可用于______、______、________、________等。

5．接近开关按供电方式不同，可分为______和______；按输出形式不同，又可分为________、________、________、________和________。

6．当检测体为金属材料时，应选用________接近开关，该类型接近开关对铁镍、Q235钢等检测体的检测最灵敏。

7．当检测体为非金属材料时，应选用________接近开关。当检测体为金属时，若检测灵敏度要求不高，则可选用价格低廉的________或________。

8．光电开关由______、______和________三部分组成。光电开关按检测方式不同，可分为__________、__________、________、__________和__________等。

二、选择题

1．电涡流式接近开关可以利用电涡流原理检测出（　　）的靠近程度。

A．人体　　B．水

C．黑色金属零件　　D．塑料零件

2．不能用作接近开关的传感器是（　　）传感器。

A．电涡流式　　B．压电陶瓷

C．霍尔式　　D．光电式

3．检测各种非金属制品时，应选用（　　）接近开关。

A．电容式　　B．磁性

C．高频振荡式　　D．霍尔式

4．金属体和非金属体要进行远距离检测和控制时，应选用（　　）接近开关。

A．光电式　　B．霍尔式

C．电涡流式　　D．电容式

5．与机械开关相比，接近开关具有的特点不包括（　　）。

A．非接触式检测，不影响被测物的运行，无须施加机械力

B．不产生机械磨损和疲劳损伤，使用寿命长

C．响应时间小于几毫秒，采用全密封结构，防潮、防尘性能较好，故障率低

D．触点承受的电流较大，输出短路时不易烧毁

6．复位距离是指检测物体离开检测表面到开关动作复位时的位置之间的空间距离，复位距离与动作距离的关系是（　　）。

A．复位距离大于动作距离

B．复位距离小于动作距离

C．复位距离等于动作距离

D．两者没有关系

三、判断题

1．接近开关的作用是当某物体与接近开关接近并达到一定距离时发出信号。它不需要外力，是一种无触点式主令电器。（　　）

2．接近开关动作时，无触点、无火花，适用于要求防爆的场合。（　　）

3．接近开关的缺点是触点承受的电流较小，输出短路时易烧毁，且易受环境干扰出现误操作。（　　）

4．光电开关是能将光束发射器和接收器间光的强弱变化转换为电感变化，从而达到探测目的的传感器。（　　）

5．光电开关能检测的物体仅限于金属，适用于光线传播良好环境下的所有金属物体。（　　）

6．电涡流式接近开关最好不要放在有直流磁场的环境中，以免发生误动作。（　　）

7．电涡流式接近开关感应到被测物体后产生涡流效应。（　　）

8．电容式接近开关能检测金属物体，也能检测非金属物体。（　　）

9．接近开关的额定动作距离就是其工作距离。（　　）

四、简答题

1．简述常用接近开关的主要作用。

2．简述常用接近开关的类型及其适用场合。

3．简述漫反射式光电开关与镜反射式光电开关的异同点。

第五章　环境检测传感器

§5–1　气体传感器

一、填空题

1．气体传感器是将气体中的____________检测出来，并将它转换为_______的器件，以便提供有关被测气体的_______和_______等信息。

2．气体传感器按照工作原理不同，可分为_________式、_________式、__________式和____________式等。

3．半导体式气体传感器按照半导体变化的物理特性不同，可分为____________型和____________型。

4．半导体式气体传感器是利用气体吸附使半导体的_________发生变化的特性来工作的。

5．接触燃烧式气体传感器适用于检测_________气体。

6．气敏电阻是利用气体在半导体表面的_______________使敏感元件的________发生变化而制成的。半导体材料的________能表征半导体材料发射电子的难易程度，该值越大，发射电子需要的能量________，即相同条件下电子发射________。

7．烧结型气体传感器有两种结构，分别是________和________。

8．旁热式烧结型气体传感器的________与________分离，而且________不与气敏材料接触，避免了_________与__________的相互影响。

二、选择题

1．用来检测一氧化碳、二氧化硫等气体的浓度和成分的传感器是（　　）传感器。

A．湿度　　B．温度　　C．力　　D．气体

2．（　　）气体传感器几乎不受周围环境湿度的影响。

A．电阻型半导体式　　B．接触燃烧式

C．非电阻型半导体式　　D．电容式

3．（　　）气体传感器在生产实际中已较少使用。

A．直热式烧结型　　B．旁热式烧结型

C．薄膜型　　D．厚膜型

4．气温升高后，气敏电阻的灵敏度将（　　），所以必须设置温度补偿电路，使电路的输出不随气温的变化而变化。

A．升高　　　　B．降低

C．不变　　　　D．与气温无关

5．气体传感器通常工作在高温状态（200 ~ 450 ℃），目的是（　　）。

A．加速氧化还原反应

B．使附着在测控部分上的油雾、尘埃等烧掉，同时加速气体氧化还原反应

C．使附着在测控部分上的油雾、尘埃等烧掉

D．补偿温漂

6．矿灯瓦斯报警器的瓦斯探头属于（　　）传感器。

A．气体　　　　B．金属

C．湿度　　　　D．温度

7．气敏电阻刚通电时的电阻值很小，经过一定时间后，才能恢复到稳定状态。另一方面，也需要加热器工作，以便烧掉油雾和尘埃。因此，气敏检测装置需开机预热（　　）后，方可投入使用。

A．几小时　　　　B．几天

C．几分　　　　D．几秒

8．接触燃烧式气体传感器不能检测的气体是（　　）。

A．氢气　　　　B．一氧化碳

C．甲烷　　　　D．氮气

9．加快气体反应速度最关键的部件是（　　）。

A．敏感元件　　　　B．加热丝

C．催化剂　　　　D．转换元件

三、判断题

1．接触燃烧式气体传感器的灵敏度较低。（　　）

2．半导体式气体传感器是利用半导体气敏元件同气体接触，使半导体性质发生变化的原理来检测特定气体的成分或者浓度的传感器。（　　）

3．旁热式烧结型气体传感器的稳定性和可靠性都比直热式烧结型气体传感器要好。（　　）

4．半导体式气体传感器在待测气体中的电阻值与环境的温度、湿度均有关。（　　）

5．生产或储存岗位长期运行的泄漏检测应选用固定式检测报警仪。（　　）

6．气敏电阻在使用时对环境没有任何要求，但在工作时必须加热气敏电阻到规定温度范围内。（　　）

四、简答题

1．气体传感器有哪些用途？常见的类型有哪些？

2．简述薄膜型气体传感器和厚膜型气体传感器的区别。

3．实际应用中，应如何正确选择气体传感器？

4．气体传感器在使用过程中应注意哪些事项？

5．为什么要对气体传感器进行温度补偿？

6．气体传感器在日常生产生活中的典型应用有哪些？

§5–2 湿度传感器

一、填空题

1．湿度是指物质中所含_________的量。目前，湿度传感器多用于测量气体中的_____________。

2．湿度通常可以用_____________、_____________和_____________来表示。

3．在一定大气压下，将含水蒸气的空气冷却到某温度时，空气中的水蒸气达到________状态，就会从气态变成________而凝结成露珠，这种现象称为________，此时的温度称为_________________。

4．湿度传感器由_______________和______________组成，具有把环境湿度转变为_________的能力。

5．湿度传感器按照材料不同，可以分为________________、_________________、___________和半导体式等；按照输出的电量不同，可以分为___________、___________和____________等。

6．高分子材料吸水后，元器件的____________会随环境____________的变化而变化，从而引起__________的变化。

7．湿度传感器应使用________电源供电。

8．对于__________型湿敏电阻，必须定期给其加热丝通电。

二、选择题

1．湿敏电阻用交流电作为激励电源是为了（　　）。

A．提高灵敏度　　B．防止产生极化、电解

C．降低交流电桥平衡难度　　D．防止老化

2．电阻式湿度传感器必须使用（　　）电源，否则其性能会劣化甚至失效。

A．直流　　B．交流

C．高压　　D．三相

3．烧结型湿敏电阻在工作时应加热到（　　）℃以上，以使污物挥发或烧掉，使陶瓷恢复到初始状态。

A．200　　B．300　　C．400　　D．100

4．洗手后，将湿手靠近自动干手机，机内的传感器便驱动电热器加热，有热空气从机内喷出，将湿手烘干。这里，手靠近自动干手机能使传感器工作，是因为改变了（　　）。

A．湿度　　B．温度　　C．磁场　　D．电容量

5．电容式湿度传感器只能测量（　　）湿度。

A．相对　　B．绝对　　C．任意　　D．水分

6．电容式湿度传感器能将湿度变化信号转换成（　　）的变化，再转换成与相对湿度成正比的电容量的变化。

A．极板间距离　　B．极板面积

C．介电常数　　D．极板尺寸

7．使用湿敏电阻时，随着周围环境湿度的增加，其电阻值将（　　）。

A．增大　　B．减小

C．不变　　D．两者没有关系

8．在使用测谎仪时，被测试人由于说谎，紧张而手心出汗，可用（　　）传感器来检测。

A．电阻应变式　　B．热敏电阻　　C．气体　　D．湿度

三、名词解释

1．正特性湿敏半导体陶瓷

2．感湿特性

3．湿滞特性

四、简答题

1．湿度的表示方法有哪几种？分别是如何定义的？

2．简述氯化锂湿敏电阻的工作原理，并说明其优缺点。

3．为什么高分子电容式湿度传感器可以用于测量湿度？试说明其特点。

4．选择湿度传感器时需要注意哪些问题？

5．湿度传感器在使用过程中需要注意哪些方面？

第六章　传感器的应用实例

§6–1　家用电器中的传感器

一、填空题

1．全自动洗衣机中使用的传感器有________传感器、________传感器和________传感器等，使洗衣机能够自动进水、控制洗涤时间、判断洗净度和脱水时间，并将洗涤控制在最佳状态。

2．全自动洗衣机中的布量传感器用来检测洗涤物的质量，是通过____________的变化来检测洗涤物的。

3．电冰箱中的压力式温度传感器有____________和____________两种形式，主要用于_______________和_______________。

4．电冰箱中的双金属除霜温度传感器由_______________、________和____________组成，平时微动开关处于________状态。

5．电冰箱中的双金属热保护器是一个封装起来的__________________元件，它埋设在电冰箱压缩机内的电动机绕组中，对电动机绕组的________进行控制。

6．当热敏铁氧体的温度超过______________时，将失去________特性。此外，热敏铁氧体的吸力不仅与________有关，还与其________有关。

7．吸尘器中的传感器主要用来测量____________或吸入管出口处的____________，通过将________与________________进行比较，经相位控制电路将电动机转速控制在最佳状态，以获取最好的吸尘效果。

二、选择题

1．下列传感器中，(　　)不会出现在洗衣机中。

A．水位传感器　　　　B．布量传感器

C．接近开关　　　　D．光电式传感器

2．下列家用电器中，(　　)中没有温度传感器。

A．电冰箱　　　　B．电饭锅

C．微波炉　　　　D．吸尘器

3．电冰箱的控制系统不包括(　　)。

A．温度与除霜自动控制系统　　　　B．流量自动控制系统

C．过热及过电流保护系统　　　　D．速度自动控制系统

4．电冰箱中的压力式温度传感器主要用于实现(　　)。

A．温度自动控制　B．流量自动控制
C．除霜自动控制　D．温度和除霜自动控制

5．双金属热保护器属于（　　）。

A．热敏传感器　B．压电式传感器
C．热电偶传感器　D．接近开关

6．家用空调的室外部分一般安装有（　　）传感器。

A．热敏　B．压阻式
C．电位器式　D．红外

三、判断题

1．家用电器中，传感器技术和计算机技术的应用越来越广泛，也使得生活更加智慧化。（　　）

2．洗衣机中的水位传感器是用来检测水位等级的。（　　）

3．常见的电冰箱电路主要由温度控制器、温度显示器、除霜温控器、电动机保护装置、开关、风扇及压缩机电动机等组成。（　　）

4．双金属热保护器埋设在压缩机内的电动机绕组中，对电动机绕组的温度进行控制。当电动机绕组过热时，保护器内的双金属片产生形变，从而切断压缩机的电源。（　　）

5．吸尘器中硅压力传感器的输入端设置在吸入管的出口处，输出端与大气连通。（　　）

四、简答题

1．简述电冰箱中除霜的工作原理。

2．简述电饭锅的工作原理。

§6-2 智能楼宇中的传感器

一、填空题

1. 智能楼宇中的__________传感器主要用于检测楼宇的室内温度并调整空调的输出功率，以实现________、________的目的。

2. 温湿度传感器按照输出信号不同，分为________和________两种。

3. 指纹识别传感器根据原理不同，可分为____________传感器和半导体指纹传感器两种。其中，半导体指纹传感器又分为_________________传感器、_________________传感器和电感式指纹传感器。

4. 燃气探测器包含两部分功能，一是________________，二是________。因此，其内部包含________________、____________电路和报警电路等。

5. 在智能楼宇中，为了实现楼宇自动控制的恒压供水及排水，大多在楼宇的水控系统中安装_______________，以实现楼宇的____________和________。

6. 智能楼宇的门禁系统一般采用________________传感器。

二、选择题

1. 数字型温湿度传感器的常见封装形式不包括（　　）。

A. 数显型　　B. 插针型

C. 贴片型　　D. 总线型

2. 下列传感器中，（　　）不属于半导体指纹传感器。

A. 温差感应式指纹传感器　　B. 压电式指纹传感器

C. 电感式指纹传感器　　D. 电容式指纹传感器

3. 光学指纹传感器的工作原理主要是利用（　　）。

A. 光的折射原理　　B. 光的反射原理

C. 光的折射和反射原理　　D. 光的直线传播原理

4. 虹膜识别门禁系统可以自动探测距离在（　　）内接近它的人。

A. 22 ~ 40 cm　　B. 12 ~ 20 cm

C. 32 ~ 50 cm　　D. 60 ~ 80 cm

5. 烟火警报器和燃气探测器都属于（　　）。

A. 气体传感器　　B. 湿度传感器

C. 温度传感器　　D. 位移传感器

三、判断题

1. 模拟型室内温湿度传感器主要由塑料外壳、感应元件和转换电路板组成。（　　）

2. 数字型温湿度传感器内部仅有温度和湿度传感元件。（　　）

3. 虹膜识别传感器是利用光的反射和折射原理制成的传感器，由于其不易被复制和剽窃，目前已经逐渐用于各种安保系统中。（　　）

4. 监控摄像头是智能楼宇安保系统中不可或缺的一部分，主要用来实时监测和记录楼宇中的即时状况。（　　）

5. 燃气探测器不仅包含燃气浓度探测部分，还包含报警部分。（　　）

6. 楼宇的水控系统中一般都会安装压力传感器，以实现楼宇的自动供水和排水。（　　）

四、简答题

1. 简述光学指纹传感器的工作过程。

2. 虹膜识别门禁系统是如何实现门禁系统管理的？

§6–3　汽车中的传感器

一、填空题

1. 空气流量计安装在____________和________之间的进气管上，以便测量进入发动机气缸的所有空气流量，并转换成____________送给 ECU（电子控制单元），从而决定发动机的____________。

2．空气流量计按结构形式不同，可分为________、________________、________和热膜式等。

3．曲轴位置传感器的功能是采集发动机曲轴的____________信号并输送给 ECU，凸轮轴位置传感器的功能是采集配气凸轮轴的____________信号并输送给 ECU，以便确定是哪个活塞即将到达压缩冲程上止点。

4．目前，汽车上常用的曲轴位置传感器和凸轮轴位置传感器分为__________、__________和光电式三种类型。其中，凸轮轴位置传感器均为___________。

5．汽车上应用的氧传感器可分为____________和____________两种。常见的氧传感器又有________、________和三引线之分。

6．氧传感器主要由________、______________和________等组成，其工作原理与________相似。

7．倒车雷达是汽车泊车或者倒车时的安全辅助装置，由________________、控制器和____________等组成。

8．车速传感器可分为舌簧开关式、__________、__________、___________和可变磁阻式等类型。

二、选择题

1．下列空气流量计中，属于体积型空气流量计的是（　　）。

A．叶片式空气流量计　　B．热线式空气流量计

C．热膜式空气流量计　　D．电容式空气流量计

2．霍尔式曲轴位置传感器与凸轮轴位置传感器的工作原理都是基于（　　）的。

A．光电效应　　B．霍尔效应

C．热电效应　　D．电磁感应

3．（　　）是控制汽车尾气排放、降低汽车对环境污染、提高汽车发动机燃油燃烧质量的关键零件。

A．氧传感器　　B．曲轴与凸轮轴位置传感器

C．空气流量计　　D．温度传感器

4．下列选项中，（　　）不是倒车雷达的组成部分。

A．超声波传感器　　B．控制器

C．车速传感器　　D．显示器（或蜂鸣器）

三、判断题

1．汽车传感器把在复杂工况下的各类动态、静态的物理量转变成电信号，是机、电、化学的结合体。（　　）

2．空气流量计用于确保发动机在任何工况下都能获得最佳浓度的混合气。（　　）

3．质量流量型空气流量计直接测量吸入空气的质量，但测量的精度低。（　　）

4．汽车中的温度传感器一般安装在发动机冷却液管路上。（　　）

5．汽车中的凸轮轴位置传感器均为霍尔式传感器。（　　）

6．汽车中的氧传感器均安装在发动机排气管上。（　　）

四、简答题

1．曲轴位置传感器的作用是什么？按其结构形式不同，一般可以分为哪些类型？

2．汽车车速传感器的作用是什么？磁电式车速传感器主要由哪几部分组成？

§6–4　机器人中的传感器

一、填空题

1．机器人传感器分为________检测传感器和________检测传感器两大类。

2．机器人内部检测传感器是以机器人本身的________来确定其位置的，它被安装在机器人本体中，用来感知机器人自己的状态，以________和________机器人的行动。

3．机器人外部检测传感器通常包括________、________、________、________、________和味觉等传感器。

4．视觉传感器以__________为基础，是利用光敏元件将________信号转换为________信号的传感器件。

5．机器人听觉系统中的听觉传感器主要有________、________、________等类型。

6．机器人的触觉实际上是人的触觉的某些模仿，主要包含________、________和________等方面，机器人的触觉传感器主要有________功能和________功能。

7．常用的电磁式接近觉传感器有__________传感器和__________传感器两种。其中，__________传感器对非金属材料的物体无法感知，__________传感器对非磁性材料的物体无法感知。

8．常用的嗅觉传感器是____________________传感器，它是利用半导体气敏元件同气体接触时，引起半导体的____________________变化，借以测定某种特定气体的______________________。

9．视觉传感器主要解决的问题包括____________和____________两方面。

二、选择题

1．（　　）是新一代机器人的重要标志。

A．采用传感器　　B．信息化

C．进行重复性的机械操作　　D．微型化

2．机器人在移动过程中，一般通过（　　）来绕开障碍物。

A．触觉传感器　　B．接近觉传感器

C．视觉传感器　　D．听觉传感器

3．视觉传感器的工作基础是（　　）。

A．光电转换　　B．热电转换

C．磁电转换　　D．压力转换

4．下列选项中，不属于机器人触觉范围的是（　　）。

A．压觉　　B．滑觉

C．接触觉　　D．嗅觉

5．（　　）传感器位于机器人的手指握持面上，用来检测机器人手指握持面上承受的压力大小和分布。

A．压觉　　B．滑觉

C．接近觉　　D．嗅觉

三、判断题

1．机器人传感器可以定义为一种能将机器人目标物特性（或参量）变换为物理量输出的装置。（　　）

2．机器人视觉系统要能达到实用水平，至少要满足实时性、可靠性、价格适中等几方面的要求。（　　）

3．在空间判断物体的位置和形状一般需要色彩信息和明暗信息，因此，机器人视觉系统主要解决这两方面的问题。（　　）

4．光电式滑觉传感器只能感知一个方向的滑觉（称为一维滑觉），若要感知二维滑觉，则可采用球形滑觉传感器。（　　）

5．电容式接近觉传感器对物体的颜色、构造和表面都很敏感且实时性好。（　　）

6．超声波式接近觉传感器必须采用两个超声波换能器，一个作为发射器，另一个作为接收器。（　　）

四、简答题

1．机器人传感器包括哪些类型？

2．视觉传感器如何获取外界信息？常用的视觉传感器有哪些？

3．接近觉传感器有什么作用？超声波式接近觉传感器有什么优点？

责任编辑 / 张　毅
责任校对 / 孙艳萍
朱　岩
责任设计 / 王利民

天猫旗舰店

中国人力资源和社会保障出版集团

ISBN 978-7-5167-6665-1

定价：9.00 元